我們是特殊清潔師

沖田×華

1

CONTENTS

我叫山田正人，
39歲，育有一子。
大學畢業後開始當上班族，
過著極為平凡規律的生活。

如今我卻
不知怎的——
在特殊清潔
公司服務。

第1話 遺留假髮的住處

嘟
嘟
ΔΔΔ-XXXX-XXXX
來電
您好，
要委託清潔是嗎？
好的，今天可以立刻安排時間。
我踏進這一行已經好幾年。
專門提供遺物整理、垃圾屋清理，
可以先告訴我屋內目前的狀況嗎？
好…是…是…
這樣的話，我想應該3天就能處理完畢。
以及將故人生前住處打理乾淨的「特殊清潔」服務。
砰
〇〇清潔公司
警方接獲通報後會進行初步調查，
我會在遺體被送走後才前往作業。
噗
〇〇清潔公司

我所遇到的個案大多是50歲以上的獨居男性孤單離世。
這次也是一名60幾歲的男性在單身公寓身亡。
委託人是公寓房東。
我才想說最近怎麼都沒看到他…
其他房客從上星期開始，
就抱怨連連，一直說很臭…
警察跟我說那名房客是病死…
還說從死亡到現在已經過了1個月。
我明白了，那我先進去看看，
再詳細跟您報價。
在進屋前，為了預防傳染病，
要先為自己消毒。
噴—
噴—
咿—!!

抓住

這…不太妙…
沒辦法進去！
抖抖－
我想請問一下喔，
怎樣？
在這間屋子過世的人，
應該不只一位吧？
呃…

…是啊，前年也有一位…
住進這間屋子後過世的人還挺多…
不知是何緣故，開始從事這份工作後，
這裡…可能要作法超渡…
否則沒辦法打掃…
我就擁有了靈異體質。
給我滾…
給我滾!!

滿20歲後這能力突然消失無蹤。
在我忘記此事的同時，

已進入特殊清潔業服務。

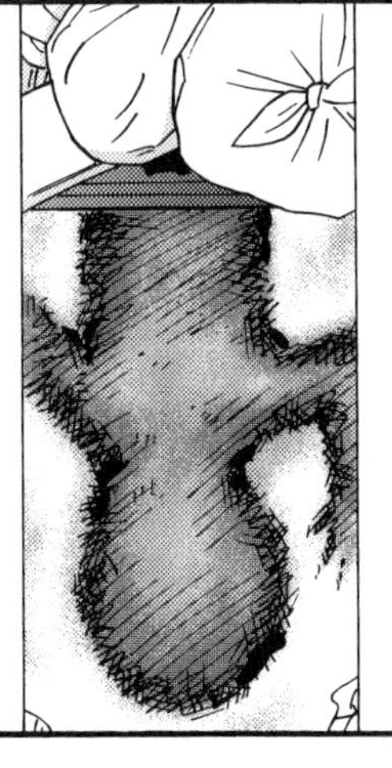

這要收拾乾淨可不容易……
得快點整理才行……
唰
沙
嗯？
這裡為什麼有一頂假髮……
啊——是警察忘了帶走嗎——
不管了，那就一起裝袋打包吧。
唰
沙
唰
沙
石橋先生，
剛入行時有前輩帶領，
偶爾會有這種情況啦，
聽說死者是50幾歲的人，
教導我各種知識與處理方法。
人死之後，身體從第三天就會開始腐壞，
大概經過1個月時…

頭髮就會連同頭皮一起脫落，
最後只剩頭髮留下來。

那…這真的是…
往生者的頭皮…
驚

這有什麼好怕的啦！
趕緊整理才要緊!!
急忙
搖頭

沙

啪沙
啪滋
沙沙作響

失去水分的乾燥頭皮因擠壓摩擦所產生的怪異觸感，
呀～～～!!
好噁心!!
抖抖
應該會令我永生難忘。

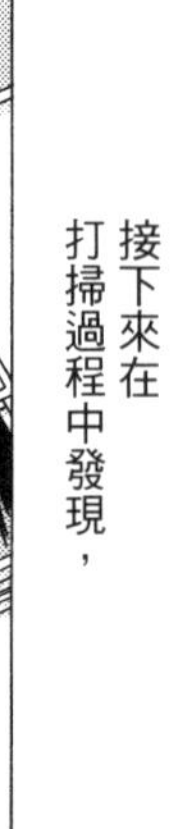
接下來在
打掃過程中發現，

一堆照片
都有同一名
男性入鏡。
莫非是
老公…？
不對啊，
聽說死者單身。

不知她
最後是懷抱著
怎樣的心情
倒臥在這裡的…
總覺得
怪可憐的
——

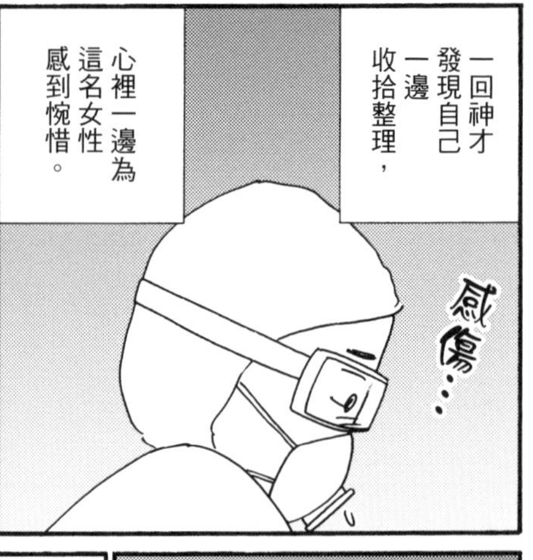
一回神才
發現自己
一邊
收拾整理，
心裡一邊為
這名女性
感到惋惜。
感傷…

而在那天半夜
打鼾聲——
當我累得呼呼大睡時，

啪沙

卻因為一陣
陌生聲響而醒來。
啪沙
啪沙
這聲音
到底是…⁉
當時我壓根不知道，
真正恐怖的事才正要開始——

我叫山田正人，39歲。
從事特殊清潔工作。
專門負責消毒、打掃在家過世者的住處，
以及整理遺物等作業。
第一次出任務來到一名孤獨死去的女性住家，
她在垃圾堆中過世，經過2個月才被發現。
可能因此緣故，她的頭皮腐爛，整頭頭髮掉落在地板上。
結束工作後的當天晚上——

家中傳來一陣陌生的聲響把我吵醒。
蟲？
啪沙
啪沙
…但也未免太響亮了…
聲音清晰到根本不像是幻聽。

第2話 深夜傳來的聲響

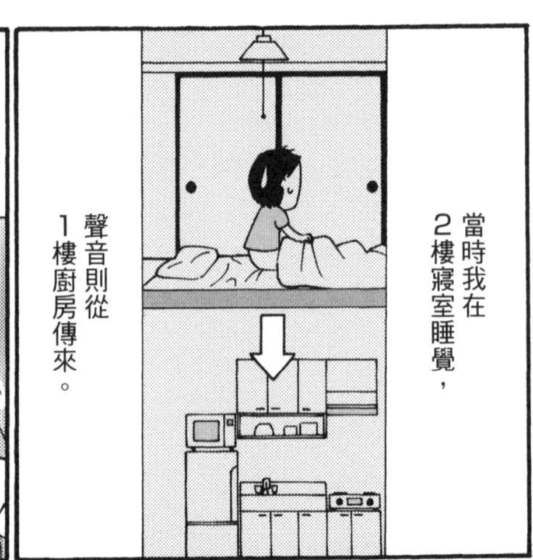
當時我在2樓寢室睡覺，
聲音則從1樓廚房傳來。

硬要比喻的話，就像貓調皮地抓著塑膠袋，
啪沙
玩個不停的聲音。
啪沙

可是我們家並沒有養寵物，
啪沙
啪沙
欸…
是不是有奇怪的聲音⁉
我太太也聽到同樣的聲響，證明並非我幻聽。

靜…
咦？聲音消失了？
可能是有野貓跑進來，
我明天再確認看看。
翌日，明明沒有任何異常，但來到半夜，
又開始傳出啪沙啪沙的聲響。
啪沙
啪沙

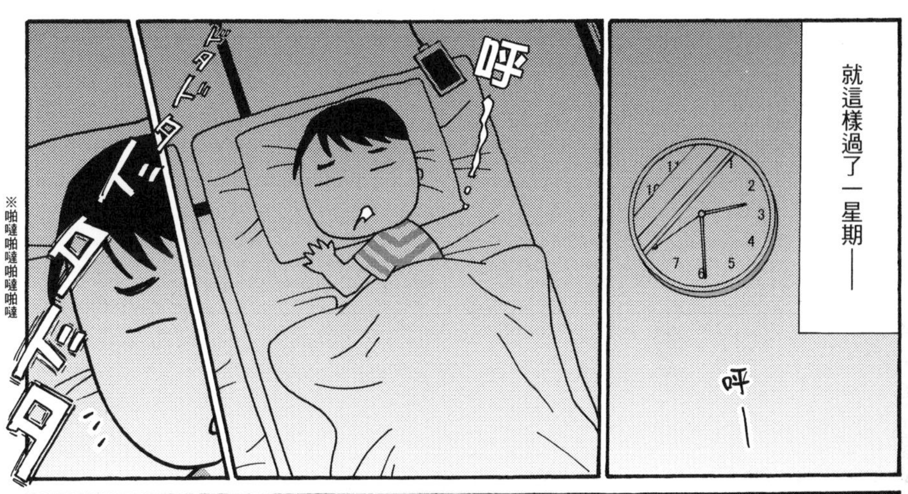
就這樣過了一星期——
呼—
呼
※啪噠啪噠啪噠啪噠

※砰
〜〜〜!!
啊？怎麼了!?
妻子花容失色地衝進寢室。

好恐怖好恐怖〜〜〜!!
發生了什麼事!?
呼—
我連忙安撫妻子，她驚魂未定地表示…
我剛去上廁所…
又聽到那個啪沙啪沙的聲音…
喘—
喘—

啪沙
啪沙沙
……

這…絕對是老鼠或動物之類的……
好討厭喔——……
啪沙
啪沙

再這樣下去肯定會睡眠不足，
今天一定要把牠趕出去…

悄悄～～
啪沙
啪沙

掀開
當我往廚房一探時。

カッ
呀！

※亮

…咦？

有一道綠光閃現……
可是我並沒有開燈。
那是什麼!?怎會這樣!?
瑟瑟
發抖
嗚
別怕
別怕
在這之後，就突然再也沒聽過那聲響。

我回來了——
隔壁房間的電燈要關掉嘍——
不行!!
這樣我沒辦法安心，
還是開著吧……

妻子那天被嚇破膽，
晚上都睡不著覺，
不怕
不怕
整個人變得神經兮兮，
必須要我抱著
安撫直到天亮。

過了好一陣子後，
妻子的情緒才終於穩定下來。
今天已全數清理完畢。
不好意思，多虧有你幫忙——
真是謝謝你。
リーニング
這天我來清理一名70多歲男性的生前住處。
委託人是他40幾歲的女兒。

在我們閒話家常時，
這名女性突然提到，
還在辦喪禮的那段期間，某個聲音實在有夠吵的。
很像是我爸跑來看我們。
聲音…
死掉的人其實會發出聲音喔。
感覺就像塑膠袋的摩擦聲…
會沙沙作響，而且還滿大聲的。

這…我也聽過那種聲音耶…
所以是鬼魂發出來的喔？
對對對，就是這種聲音。
啪沙啪沙的聲響…
這位女士跟我一樣有靈異體質，
她也經常遇到跟我類似的情況。
啪沙
啪沙
要是一直惦念著往生者，
他們就會立刻跟過來。
實在很困擾——
莫非是我那天打掃時為死者感到遺憾……
所以才把她帶進了家門…？
在這之後，我都盡量保持平常心，公事公辦。
那道聲響與亮光便再也沒出現過。
專注
整理
妳也終於恢復正常睡眠，真是太好了——
是啊，幸好就嚇那麼一次而已——
啪沙
啊——
鬼又來了——!!
不是啦，那只是小強爬過啦。
那更可怕——!!
直到現在，妻子還是會因一點點聲響而反應過度……

※撲

我們是特殊清潔師

我叫山田正人，從事特殊清潔工作。
特殊清潔主要是針對發生死亡個案的房屋做整理。
不過因為靈異體質的關係，
偶爾會遇到被「看不見的人」阻擾的情況。
抓住
今天的工作現場，是一名50幾歲單身男性過世的住處。
身體好重…
不行，我進不去…
不知為何，似乎有東西將我牢牢擋在門外。
這沒辦法靠我自己解決。
不好意思，我是山田。
其實…
像這種時候——
30分鐘後——
山田——好久不見——
無計可施時，只能「求神仙解救」…

第3話 生人勿近的房屋

我是透過朋友介紹，才認識人稱「神仙」的神谷住持。
怎樣？又出現了喔？
是啊。
對我來說，他是願意幫忙「驅邪」的貴人。
○○莊
抱歉，在您百忙之中打擾。
沒關係的，正好法事也剛告一段落。
那我們就速戰速決吧。

哦——是那間在2樓的套房吧。
好，那我開始嘍——
聲如洪鐘
神仙的驅魔能力非常強大，但有點引人側目。
耳語……
啊知……
在幹嘛……
這樣就好了，但還是要放一盤鹽錐喔，
這樣保證萬無一失。
安心

嘰……
幸好……
奇怪的感受消失了……
據說已故男房客是在玄關附近的廁所，
嚥下最後一口氣的。
屋內有大量的垃圾……
還堆滿了未拆封的紙箱……
咦…？這是……
胸罩——!?
晃動

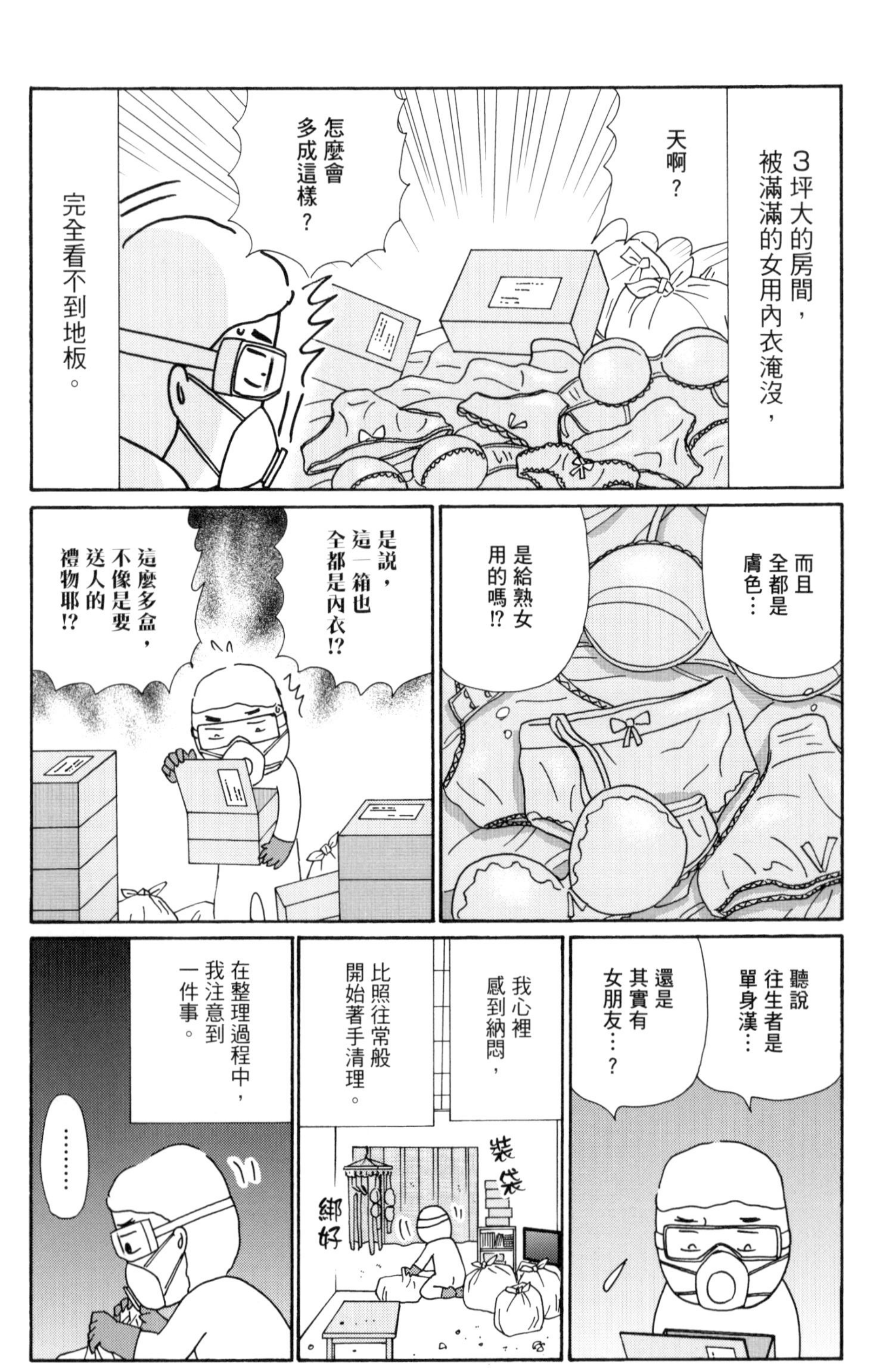
3坪大的房間，被滿滿的女用內衣淹沒，
天啊？
怎麼會多成這樣？
完全看不到地板。
而且全都是膚色…
是給熟女用的嗎!?
是說，這一箱也全都是內衣!?
這麼多盒，不像是要送人的禮物耶!?
聽說往生者是單身漢…
還是其實有女朋友…？
我心裡感到納悶，
比照往常般開始著手清理。
裝袋
綁好
在整理過程中，我注意到一件事。
……

總覺得這件內衣……
90B？
尺寸也未免太大了吧…？
下胸圍跟我的腰圍一樣粗……

哇!!這裡！
消氣…
全都是成人玩具!!

而且清一色是屁屁系列…
嘖——有夠重口味……
丟丟
到處散落

色情DVD也多到數不完…
…咦!?

女裝美熟女
DVD
女裝

※哼歌

這名男性
生前——
女裝辣妹VS男優

啊——
今天要穿哪件好呢——？

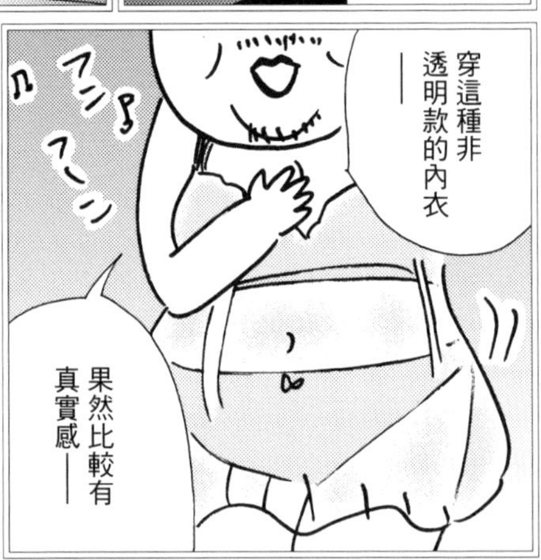
穿這種非透明款的內衣——
果然比較有真實感——

※哼歌

可能熱愛打扮成女性。
啊啊——
要高潮了——

探看

……
再看……

然後這個癖好，
愈演愈烈，
超安心
夜用
衛生棉

啊—又漏出來了—
得用衛生棉才行。
現在什麼東西都可以線上購買，超方便的—♡
穿成人紙尿褲很俗——
果然還是超長型最服貼——
或許導致其大便失禁。
啪嗒
今天要看哪一部DVD呢——?
也想穿一下紅內褲〰〰
フン フン
フン
フ〜ン
※哼歌
倒地聲
フン フン…
※哼歌

難怪⋯

所以他才
不想讓別人
進來～～～
抓住

從事這份工作，
在清潔屋內環境的過程中，
會逐漸看出故人生前
過著什麼樣的生活。

而且，也能
歷歷在目地感受到，
故人最後是如何離開人世的。

除非垃圾量驚人，一般來說，
特殊清潔作業大概3天左右就能完成。
收工。

願您
安息⋯
這名已故男性的住處
也在3天後恢復原狀。

我叫山田正人，
從事特殊清潔工作。
今天要工作嗎？看你那麼悠哉，這樣來得及嗎？
今天是從12點開始。
嗯
平常只要接到委託，我就會立刻前往現場，
9
那就麻煩你們嘍——
不過今天是兩人一組出任務。
搭檔是我的前輩，石橋先生。
一起加油吧——
9
我們的工作現場不只限於一般住宅。
OOHOTEL
還包括家喻戶曉的超高級知名飯店…

第4話 臨終前最想見到的景色

午安——
我是○○清潔公司的山田。
啊…好的，請您稍等一下，
負責接洽的人員隨後就來。
來自飯店的委託，通常要等客人退房後才能開始作業。
不好意思，突然拜託你們來。
必須在開放客人入住的下午三點前完成任務。
剛剛大體才被運走，
據估死後已經過了3、4天。

是因為惡臭才被發現的嗎？
不是…
那是一名長期住宿的房客…
但這個禮拜都沒看到客人出門，我們才覺得不對勁。
客人已預先付清了10天的住宿費。
飯店人員表示，過世的是一名60幾歲的男性。

喀嚓
OOHOTEL
就是這間。
打擾了。
這是一間視野景觀非常棒的
單人客房。
房內非常乾淨整潔，看起來完全不像
有人在這裡住了10天。
只不過…

研判這名男性，在這間一晚要價將近
2萬圓的客房內，可能終日飲酒買醉。

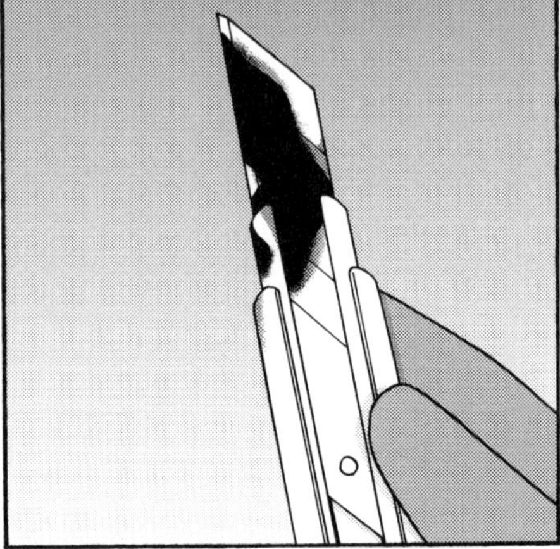

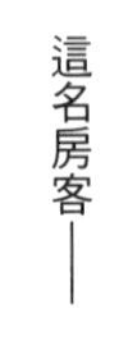
這名房客——

被發現時，
雙手割腕，
穿著西裝躺臥在床上。
全身血液
流乾——
因失血過多身亡。

大概要花
多少時間
清潔？
嗯——
照這情況來看，
今天應該
有辦法完成…

只有地毯的部分有汙損，
只要把地板換掉應該就沒問題。
我想應該能在您所指定的時間內完成。
這樣啊……真是太好了。
呼
那請你們結束後再撥通電話給我。
啪噹
那就開始幹活吧。
先把桌子搬出去再說。
喀啦
喀啦
喀啦
喀啦
在飯店客房外作業時，基本上會穿著便服。
喀啦
喀啦
很好，空無一人。
已故房客所下榻的房間家具，將全數報廢。
為了避免其他住宿中的客人發現，
最後是床鋪……
動作快、動作快。
推
推
必須迅速將各項家具運往工作人員用的電梯。

清空家具後，
劃
接著開始撤除地毯。
味道果然很重耶——
劃
畢竟血液幾乎流光了呀——
劃

這…這才是最重的。
要一次搬完喔…
髒汙的地毯得立刻換下，
以藥品消毒、除臭、清理髒汙的區塊後，
再鋪上新地毯。

地板已清潔完畢，
請準備好新的家具。
接著再次迅速搬運，避免被其他房客發現。
喀啦
喀啦
喀啦
最後——

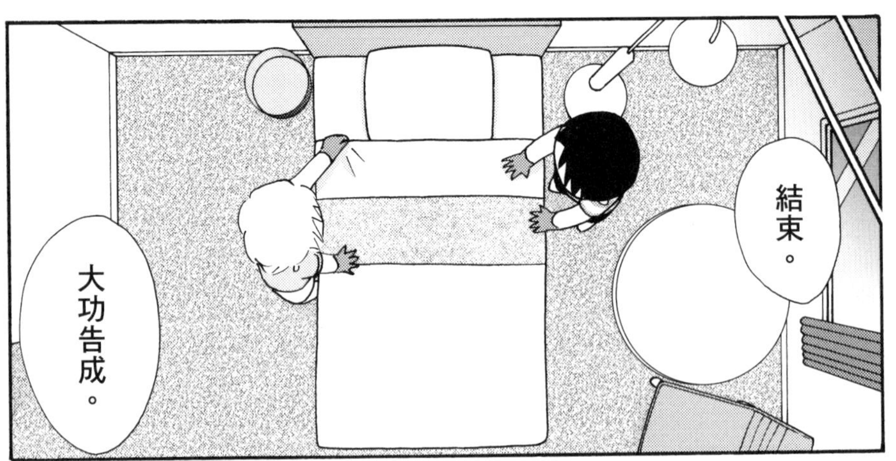
結束。
大功告成。

我們完成嘍。
窗戶就先打開來通風換氣喔。

丟

人聲鼎沸

已經到入住時間了喔⋯
魚貫而入

除非異味殘留的情況很嚴重——
不然聽說飯店還是會安排其他客人入住那間客房。

問妳喔…如果在離開人世前有20萬圓可用的話，
妳會怎麼花!?

好妙的問題…
這個嘛——應該會先去吃高級燒肉，
然後住高檔飯店，狂做護膚療程，
體會置身人間天堂的感覺。

畢竟這是人生最後的奢侈嘛。

在每天有形形色色的訪客進出的空間裡，
他也是其中一名過客。

以絕對稱不上便宜的金額，
換來踏上死亡一途的選擇——

這或許是出自「最後所見的景物樣樣皆美」
的念頭…

過了2個星期後，
……

真是不好意思，
離上次還沒多久，就又叫你們來…

沒想到同一家飯店居然又再度提出委託。
請跟我來。
似曾相似…

該不會是之前那間吧？
是往生者在召喚我們嗎…？

喀嚓
是這一間客房。
OOHOTEL

幸好…
這次要清理的房間跟之前的
是不同的客房。

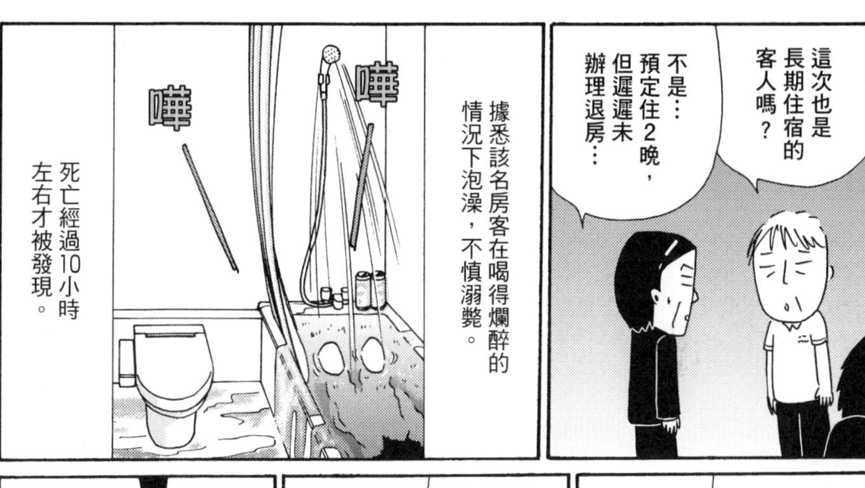
這次也是長期住宿的客人嗎？
不是…預定住2晚，但遲遲未辦理退房…
嘩
嘩
據悉該名房客在喝得爛醉的情況下泡澡，不慎溺斃。
死亡經過10小時左右才被發現。

由於長時間泡在浴缸裡，洗澡水也跟著變色，
這個…清得掉嗎？
很難聞…
看起來幾乎都是排泄物。
幸好早早就發現，遺體還沒腐壞，油脂也沒浮出來。
油脂？
人體的脂肪。
會像拉麵那樣浮一層油

拉麵…
驚～
我想只需要清除排泄物跟消毒就可以了。
下午三點前應該能處理完。
來吧，
把它清乾淨。
打掃用具
百圓商店撈網

固體髒汙清完了…
唰—
可以把水排掉了。
消毒、
噴
噴
清潔、
除臭。
幸好只需要清理衛浴而已，
大概2小時就順利結束了。
剛剛已清潔完畢。
為保險起見，今天一整天還是要通風換氣。

真是給你們添麻煩了。
絕不敢用「歡迎再度光臨」這種話來寒暄…

舒適整潔，完全不像出過事的高檔飯店，
今天也會有客人入住我們清理過的房間——

第5話 令人困擾的遺留物

遺留物 其①
手套

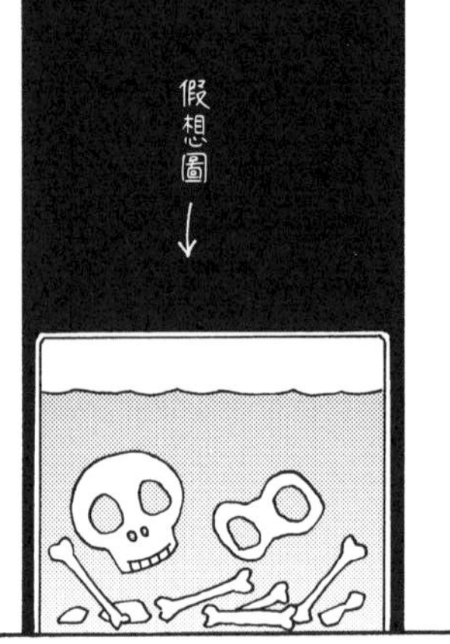

※因溫度急劇變化導致身體無法負荷。

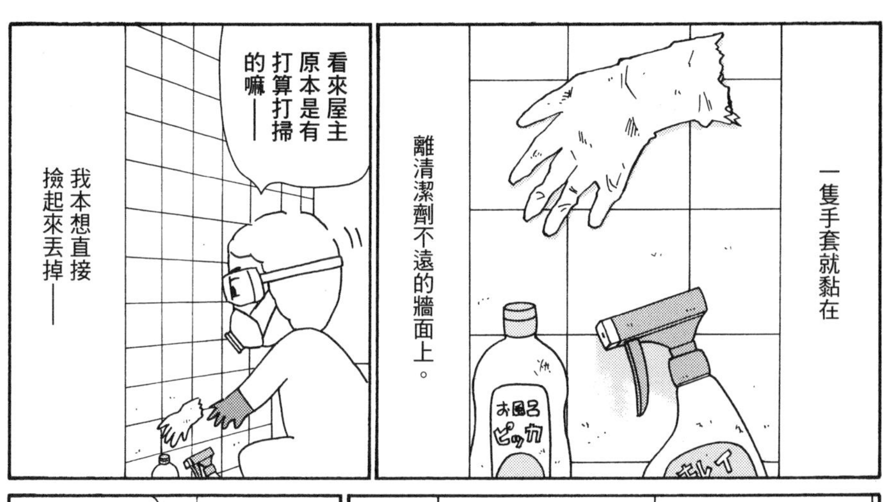
一隻手套就黏在
離清潔劑不遠的牆面上。
お風呂
ピッカ
看來屋主原本是有打算打掃的嘛——
我本想直接撿起來丟掉——

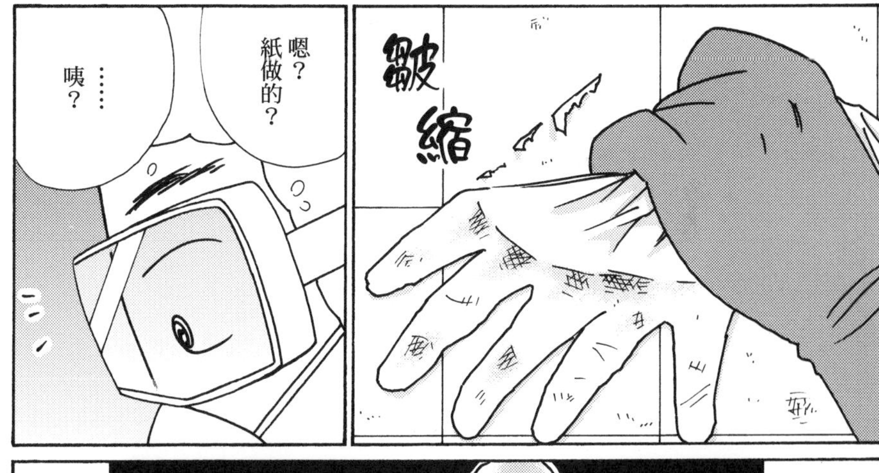
皺縮
嗯？紙做的？
……咦？

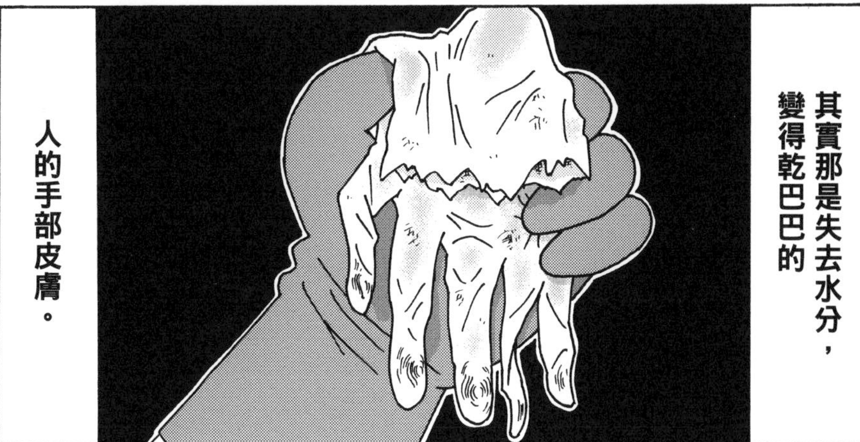
其實那是失去水分，變得乾巴巴的
人的手部皮膚。

哇哇哇!!
而且還有指紋!!

當人的皮膚泡在水裡超過一定時間後，
皮膚與皮下組織會隨之分離，

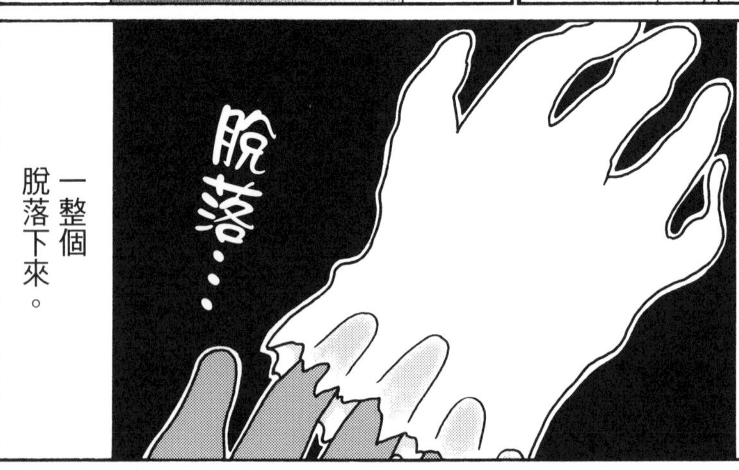
皮膚就會像手套那樣，
脫落…
一整個脫落下來。

又不能只為了這件事就叫警察來—
再三煩惱後…

丟

結果只能丟棄處理。
總覺得很過意不去啊…

遺留物 其②
小白球
這是發生在我跟前輩一起出任務時的事。
文化之家
地點是在提供照護服務的老人福利機構。

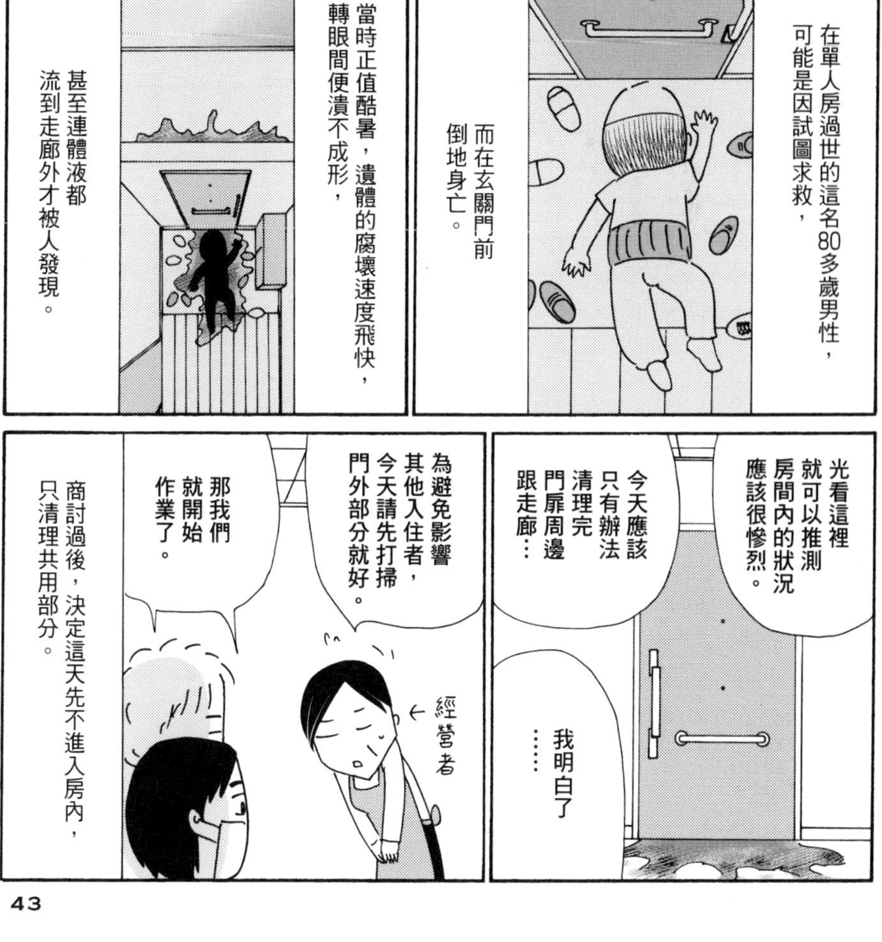
在單人房過世的這名80多歲男性，可能是因試圖求救，
而在玄關門前倒地身亡。
當時正值酷暑，遺體的腐壞速度飛快，轉眼間便潰不成形，
甚至連體液都流到走廊外才被人發現。
光看這裡就可以推測房間內的狀況應該很慘烈。
今天應該只有辦法清理完門扉周邊跟走廊……
……我明白了
為避免影響其他入住者，今天請先打掃門外部分就好。
經營者
那我們就開始作業了。
商討過後，決定這天先不進入房內，只清理共用部分。

走廊其實也很髒耶。
為什麼連電梯都有蛆啊？
噴
噴
這肯定是警方搬運遺體時造成的。
急著想要處理，反而擴大汙染範圍。
實在很馬虎耶——
不過聽說這裡24小時都有人員值班，
怎會沒有及時發現入住者死亡呢？
噴
根據我的觀察，這裡根本沒那麼多員工。
應該是人手不足，沒時間察看吧？
就是不想孤獨死才花大錢住進這裡，
結果還是難逃孤獨死的命運，實在很諷刺。
就是說啊……
……嗯？
注視
在我抬起眼時，
看見共用走廊的角落，掉了一顆小白球。

這是什麼啊？
我順手撿了起來。
滑溜
有彈性耶…
再察看另一邊。
轉
蛆
蛆

滾落
滾落

哇啊啊!!
發生什麼事？

為為為為什麼眼球
會掉在這種地方啊!?

疑似是警方回收遺體時，
不小心弄掉的……

是說，怎麼會搞這種烏龍啦～
吼—
做事這麼馬虎是怎樣!?

…那，這個該如何處理才好？
對耶—怎麼辦…
也不能轉交給家屬…

沒辦法，只能丟掉。
也…是啦…

對不起…
請不要這樣看著我…
丟
這是一件令我們深感困擾的遺留物…

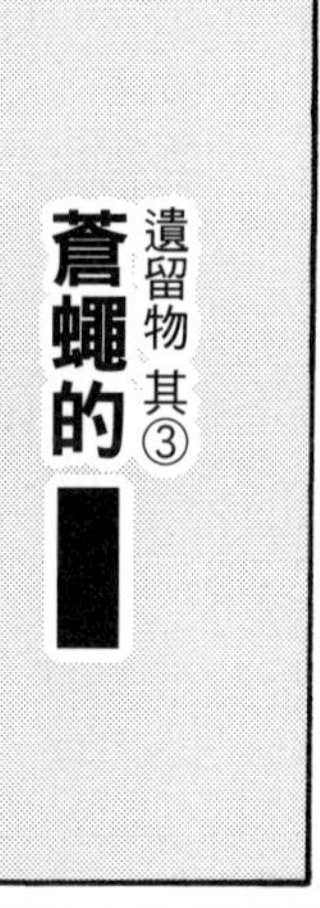

打算變賣身故租客遺留的東西，以扣抵部分清潔費用。

非常抱歉，即便是全新的物品，
若沾染味道，我們就無法收。

過世的租客是一名30歲左右的男性，據悉是病死，但被發現時，

死亡時間至少已經超過一個月。

這種情況下發出惡臭的原因，除了遺體與血液的腐爛氣味外，

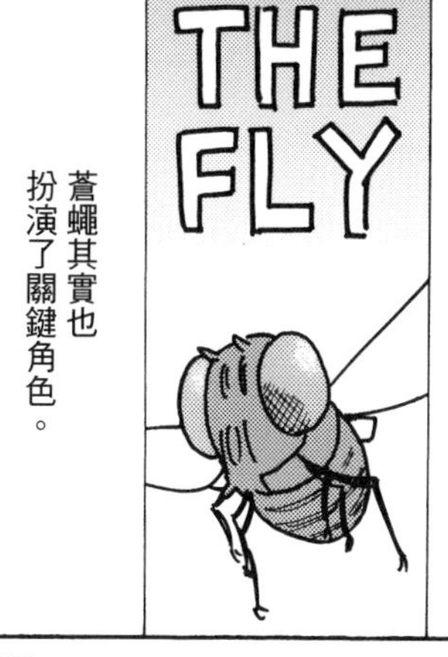

THE FLY
蒼蠅其實也扮演了關鍵角色。

當遺體開始腐壞後，嗅到氣味的蒼蠅就會前來產卵，

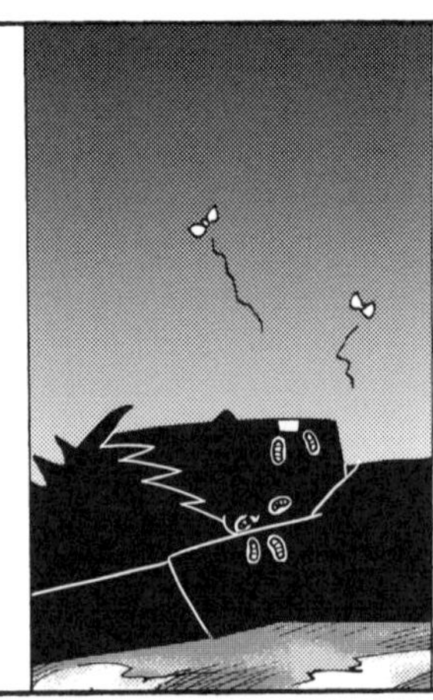

這些卵會不斷孵化，愈變愈多，

接著集體排便。

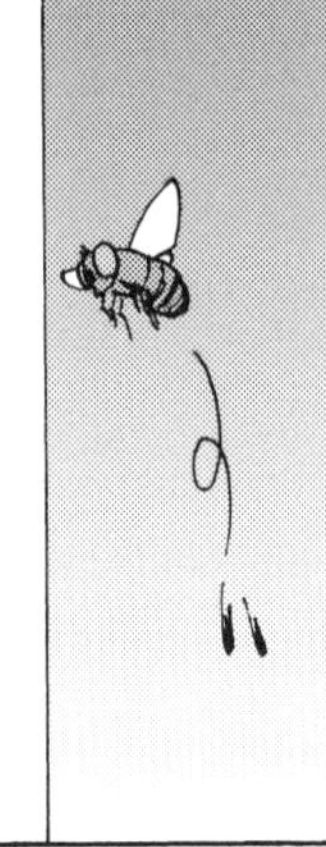

以屍體作為養分的糞便相當臭。

幾萬隻蒼蠅會在密閉房間內飛來飛去，

※嗡嗡嗡嗡嗡嗡嗡

在各個角落恣意排便直到壽命結束。

腐敗液體若再沾染到媲美惡臭濃縮包的糞便，

這樣只會多一大筆消毒費用耶…

意思就是白花錢嘍…

無論如何清潔，味道都不會消散，只能作廢處理。

好吧…

呼

房東終於聽進去了……

那，至少通融一下這兩樣吧？
都是高檔貨耶！
多少可以變現吧!?
咚——
改出這招喔…
……等等，這個是
○○的家具耶…
↑定價好幾百萬日圓

這把布面座椅…
布面部分沒沾到糞便，只要換掉椅腳就好…

沙發是皮革材質，有防潑水加工，
只要確實消毒就能拿來賣…

這樣看起來，椅子跟沙發應該是可以收…
只不過…這只能抵一部分的清潔費用…

這樣我就很感激了，還請你多多幫忙。
那我就跟收購業者聯絡嘍。

有時會拗不過對方的強力要求，僅針對名牌精品做收購。
房東就這樣變賣了零星家具，換來微薄的補貼。

我平時就是這樣在工作現場，
跟各式各樣的遺留物打交道。
吼——今天的遺留物真的很誇張耶！

雖說孤獨死者的住家，
衛浴廚房多半都很髒……
傻
眼

估完價後我就離開了。
那你要接這個工作嗎？

那個住家不光是廁所，
連家裡面到處都是排泄物。

房東看完報價單後，
直嚷著「太貴了！算便宜點！」
你想辦法算我半價就好！
這個嘛……
老實說我並不想接……

反正還有其他業者，
拒絕也沒關係吧？
那就這麼辦…

所以我推掉了開頭描述的那件委託……
今天的咖哩飯好好吃—
真佩服你可以這樣若無其事地吃一堆…
津津有味

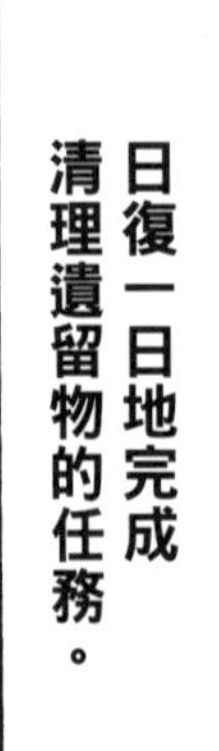
日復一日地完成清理遺留物的任務。

※噴

第6話　不請自來的女士

一名40幾歲的單身漢，M先生在家過世。
據說他經營服裝公司，
獨自一人住在三房兩廳的電梯大樓裡。
通知聲
老闆！快起來！
客戶已經在等了！
通知聲
你人在哪裡？我去接你，若有看到訊息，請回覆一下!
因一直聯絡不到人而感到擔心的下屬前來確認，才發現老闆已成一具冰冷的遺體。
通知聲
通知聲
死因據悉為心臟衰竭。
由於死後算是發現得早，因此委託我來
清理屋內環境與整理遺物。
然而因為房屋的鑰匙由物業管理公司保管，
我有跟大樓管理員交代這件事了，請你先上樓，
在住家門口等一下。
好，我知道了。
所以我不得其門而入。

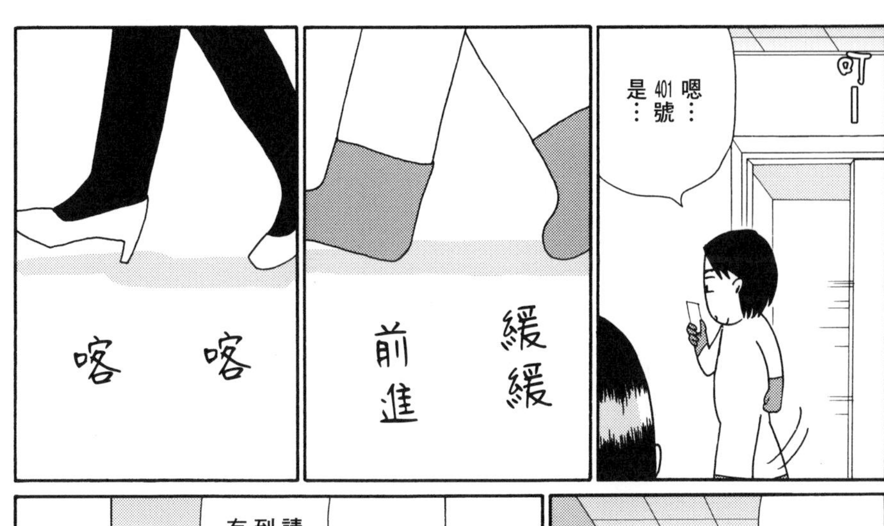
叮—
嗯……
401號
是……
緩緩
前進
喀
喀

啊！
是這間。
我不經意地往後一看，
這才發現，
啊……
您好……
請問您
到這裡
有事嗎？
不知何時來了一名年約20幾歲的女性。
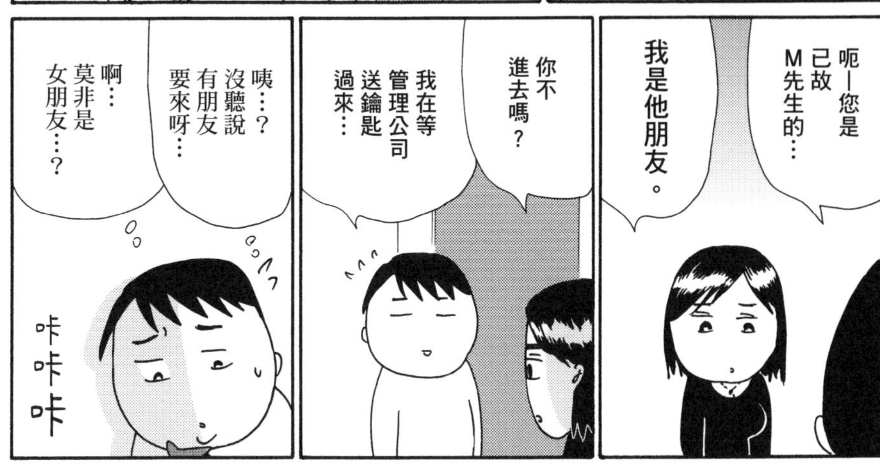
呃—您是
已故
M先生的……
我是他朋友。
你不
進去嗎？
我在等
管理公司
送鑰匙
過來……
咦…？
沒聽說
有朋友
要來呀…
啊…
莫非是
女朋友…？
咔
咔
咔

喀 喀
……咦⁉
請問——……您是哪位……？
我是他朋友。
這……這樣啊……
在這之後……
咔
咔
咔
你為什麼不進去呢？
請再稍等一下。
在物業管理公司人員抵達時，
實在很抱歉，我來晚了。
慌張
急急
忙忙

已經有4名20～40幾歲的
「女性友人」到場。
這是鑰匙。
謝謝你。
排排站——
那個……可以請妳們在大樓入口處等待嗎？
沒關係的，請不用在意我們。

可是接下來要針對門的部分進行消毒…
沒關係的，請不用在意我們。

是說…這群人…
又不是家屬，究竟是什麼身分…？

接下來要清理屋內…
因為還不知道裡面究竟是什麼狀況，

所以先由我入內察看，若沒有異常，
再請各位進來…
怕會有危險…
我們知道了。

幸好她們還有辦法溝通。
呼
那就打擾了。

喀鏘

嘿喲…
咿…

…咦？
推

※衝

我才剛踏進屋內，在場所有女性
ダダー
嗚哇——!!
立刻一擁而入。

喂…妳們…!
衝—
究竟是想幹嘛啊!?

人明明是在這間臥室過世的…
她們卻直接跳過，到底是跑哪去了？

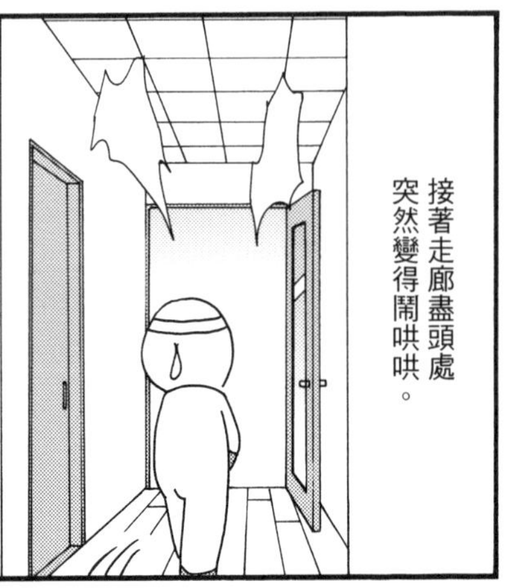
接著走廊盡頭處突然變得鬧哄哄。
那裡是客廳沒錯。

請問～～……
翻箱倒櫃
我提心吊膽地往內一探——

所有人不約而同地
找個不停
翻來
翻去
喀啦
啊!!
在客廳內大肆搜刮。

原來藏在這種地方。
下面的櫃子也有!!
嘩
傾倒
拜託!!請不要擅自亂拿。
妳們究竟是想怎樣啊？
你放心!!

我們只是在分遺物。
對呀對呀。
因為他之前說好要給我這些東西。
我也是!!

分…
遺物…？
疑惑
疑惑

今天無法到場陪同，真的很抱歉。
你已經進入老闆住處了嗎？
對…我是已經進來了，

但有一群自稱是老闆朋友的小姐也跟著進來…
所以沒辦法進行清潔作業…
這是我的
妳別搶

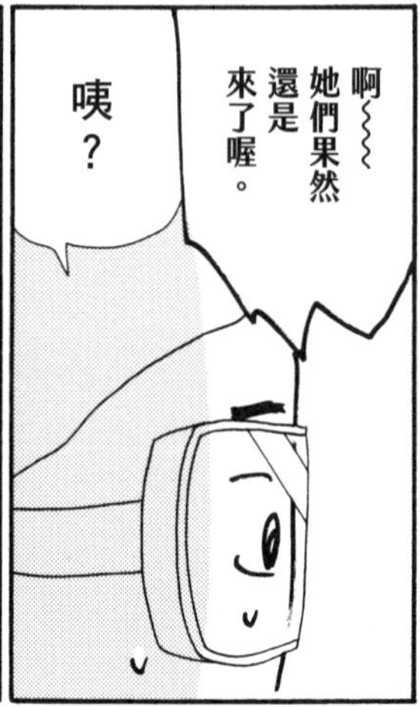
啊〜〜她們果然還是來了喔。
咦？

老闆在私生活方面也是砸錢不手軟…
夜夜狂歡，飲酒作樂。

然後跟很多酒店小姐都有一腿…
而且一個換過一個，還把人帶進自己的住處…
這群小姐似乎也間接耳聞老闆過世的消息。

沒錯，這些女人，

妳也太貪心了吧？
我跟他認識比較久啊
呀！會斷掉啦！

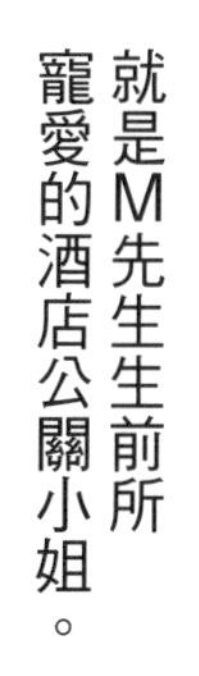

就是M先生生前所寵愛的酒店公關小姐。

光靠我一個人根本無從阻攔，

這看起來根本不像分遺物…

倒是頗有鬣狗的氣勢…

ガヤガヤワイワイ

只能看著她們爭搶不休。

※臉紅脖子粗

聽聞
M先生
40幾歲，
但看起來
比實際
年齡年輕…

不受婚姻
或戀人的
束縛，
設立記

過著自由
自在的
生活。
所有想要的
東西都
手到擒來，

卻突然間
一命
嗚呼哀哉。
留下的
東西
全都轉往
他人
之手——

不好意思，
我們分完了。
我們
這就離開。
裝滿滿
這群小姐拿走
值錢的物品後，

接下來就
麻煩你了。
告辭
—
魚貫
而出
頭也不回地快步離去。

嗚哇——……
眼神～死
簡直像被颱風掃過…
多增加我的工作負擔—
作業時間大幅延遲…
得快點整理才行…
收拾
垃圾
……嗯？
がんばる
夢
這是什麼，詩嗎？
啊—原來他喜歡相田光男的詩喔……
超多裱框……
好日子也好壞日子也罷
一覺醒來忘光光
別在意
別在意
……
別在意、別在意，
但我真是被打敗了啊—

突然死掉已經夠令我震撼了，
結果那些女人的貪婪樣更是嚇人。
好險沒跟她們結婚—
超幻滅—
唉—人生在世，有時難免遇到鳥事，
我們彼此就別在意吧。
拍拍

……

—好像聽到他這麼說耶…
這個老闆還真……
呵
噗哧

換個方式思考後，說也奇怪，

我的氣也消了。

得以親眼目睹人之慾望、業報與人生觀，
今天或許是很珍貴的一天呢。

我叫山田正人，
是特殊
清潔業者。
綁
業務內容多半是將孤獨死去
的住戶房屋恢復原狀、
整理故人遺物，
轉交給親屬。
其他最常
接到的委託——
就是
這一間
……
這個我
真的
處理不來。
那我先
開門
看看喔！

就是清理垃圾屋。
唰
Q.接下來我該
如何
進入屋內呢？

第7話 有蟻窩的家

據說這間套房長年住著一對50幾歲的夫妻，
但因惡臭頻傳，常惹得其他居民抱怨連連。
UB
K
所以住戶人還好好的嘛。
是啊……因為欠繳房租，所以強制請他們搬走…
但我真的沒想到會發生這種情況。

垃圾量實在有夠多，
不過先讓我進去裡面看一下。
開頭問題的答案是——
ぐしゃ，
※踩
A.攀爬到垃圾頂端而入。
踩
跨步

哦——雖然已快碰到天花板…
但總算還有空間——
嘿喲
我瞧瞧…
「蟻窩」究竟在哪—？
左看
右看

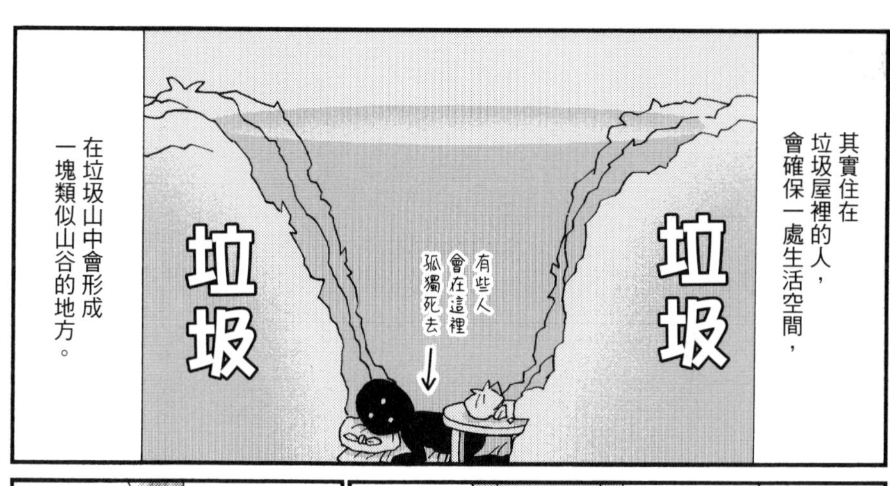
其實住在
垃圾屋裡的人，
會確保一處生活空間，
垃圾
垃圾
有些人
會在這裡
孤獨死去
在垃圾山中會形成
一塊類似山谷的地方。

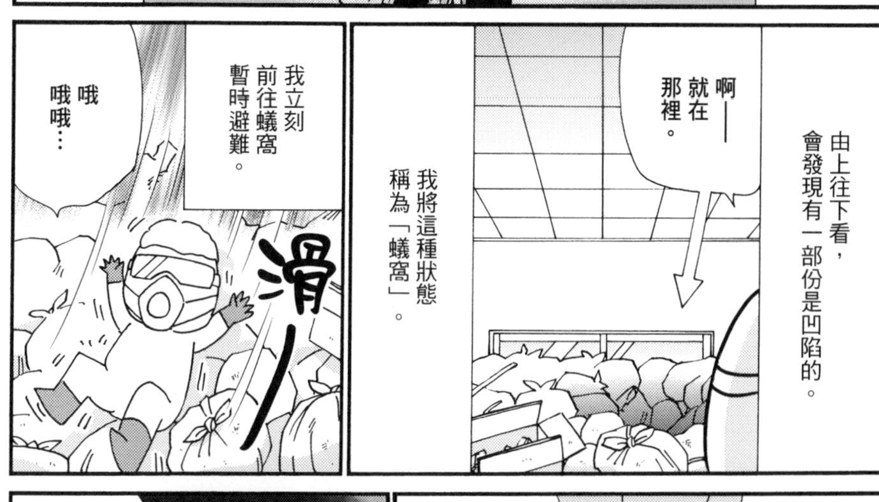
由上往下看，
會發現有一部份是凹陷的。
啊——
就在
那裡。
我將這種狀態
稱為「蟻窩」。
我立刻
前往蟻窩
暫時避難。
滑—
哦
哦哦…

陽台也
全被淹沒…
應該
好幾年都
沒倒過
垃圾吧…
驚
這股
味道是…

大量的貓罐頭…
真糟糕…是有養寵物嗎…
NYAN PET
TIT
ねこごは
ごはん
NYA
但沒有貓出沒的痕跡…
僵住
其實只有清理養寵物的住宅時會令我感到心慌。

因為那些寵物多半都已死亡。
從前，在我第一次清理有養寵物的垃圾屋時——
啊，山田，抽屜等一下再清就好…
咿!?
喀啦…
前輩→

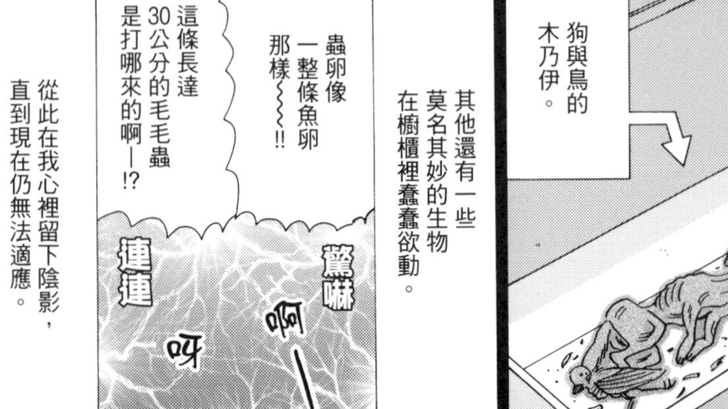
狗與鳥的木乃伊。
其他還有一些莫名其妙的生物在櫥櫃裡蠢蠢欲動。
蟲卵像一整條魚卵那樣~~~!!
這條長達30公分的毛毛蟲是打哪來的啊—!?
驚嚇
啊—
呀
連連
從此在我心裡留下陰影，直到現在仍無法適應。

我大致估完垃圾量了，
我想應該3天就能整理好。
那…費用大概是多少？
因為需要叫卡車來清運垃圾，林林總總加起來…
大概要50萬圓。
好傷荷包喔～…
唉…
雖說價格會隨著住屋的實際狀況而異，
那我再跟其他公司的報價比較看看，
過兩天再回覆。
好的
不過我們公司的收費標準大多為一房15～50萬圓。
本來清潔費應該要由房客支付，
那對夫妻沒工作，
早知道這樣，就不租給他們了。
但實際上幾乎都是房東自行負擔。
〇〇莊的清潔保留中…
好，到下一站。
這天還有另一件清理垃圾屋的委託。
是位於郊區的獨棟透天厝。
…
地址明明是這裡沒錯…
潔公司

這是一條已經沒落
鐵門緊閉的商店街。
根本沒有住家呀……
好奇怪喔～
……請問…
……嗯？
你是山田先生吧？
一位看起來很有氣質的女士
前來跟我搭話。
是的，我是…
我是跟你聯絡的白川。
鞠躬
是最旁邊的那間房子。
我帶你過去。
喔，老師，妳好──
你好──

白川女士的家在商店街最邊邊的位置。
是一間小小的透天厝。
老師，是有客人來嗎？
是啊
……老師？
喀鏘
哇!!
1樓看不到地板耶…
跨步
啊——2樓也堆滿了垃圾。
看來重頭戲在2樓…
這個…搞不好要花上1個月的時間…
我也不知道是怎麼了，
再也沒辦法把家裡整理乾淨。

跟您說明一下收費標準，
透天厝的話，
價格會偏高。
因為要分很多次清潔，
所以費用可能將近100萬圓…
我明白了，
那就麻煩你嘍。
謝謝您…
啊…
這個月的預約已滿，
請問您希望什麼時候完成？
翻翻
我不急，你有空時再過來，
慢慢處理就好。
那我會再跟您聯絡可以過來的日期。
由於白川女士是屋主，因此彼此約好在我時間許可時前來清掃。
慢慢處理的話，至少也得花半年耶。
不過我覺得好奇怪——
引擎聲
○○清潔公司
明明看起來那麼雍容華貴，
為什麼會把垃圾堆在家裡…
關於費用的事也是二話不說就答應，
個性感覺很溫和…

數日後——
嗶——嗶——
卡車再往裡面靠一點—
嗶嗶嗶—
好的—
套房垃圾屋的房東正式委託我們清潔，
還有空間再放一些…
乾脆
俐落
繼續把垃圾拿來——
我拜託前輩幫忙，兩個人開始作業。
預備!!
喀啦
幸好…目前都還沒看到貓…
為什麼會有那麼多人把動物遺骸放進櫥櫃裡啊？
替代棺材的概念？
啪擦
咦？
動物的骨頭…？
這…難道是……

貓因飢餓而互相殘殺啃食…
撕撕咬咬
撕 啪咔哩滋
這是雞骨頭啦。
還有肯○基紙袋耶
KoC

冰箱裡面也沒有貓屍喔。
是喔……
呼
↑也曾遇過冷凍的情況
但卻找到了一個不明物體。
好噁!!
噴濺
只是垃圾啦，你反應也未免太大了。
動作快喔，不然天都要黑了。
展開
不好意思
快步
搬運垃圾，
拋拋拋
堆放到卡車上，
好幾天
就只是重複進行這項作業…
喘
喘

好，垃圾終於清完了。
至於更換壁紙跟木地板的部分，
房東說要找原本配合的清潔公司處理，
所以我可以收工了。
話說回來，貓究竟是跑哪去了啊？
在垃圾堆跟櫥櫃裡都沒看到……
我不經意地望向廚房窗戶，
怪了？
紗窗下方，
有一個10公分左右的破洞。
バリ バリ
バリ
バリバリ
貓可能是從這個縫隙，
※扒抓
※扒抓

※跳

鑽鑽…
喵—
喵—
跑到外面去的吧？

……還好～～
放下心來
沒有死掉……

希望牠們活得好好的…
不知道牠們究竟在室內生活了幾年，

如今雖然自由，但外面的世界也不好混，
感覺牠們要生存下來並不太容易。

但我還是衷心期盼，
牠們能在某處過著幸福的日子。

我們是特殊清潔師

我們是特殊清潔師

我叫山田正人，從事特殊清潔工作。
基本上24小時接受工作委託。
山田——
今天交由妻子來應對，而我則放假去。
結束後我再傳訊息給妳。
路上小心——
這位是長井文吉，50歲。
好久不見嘍—
最近可好？
目前獨自經營特殊清潔公司。

長井先生，好久沒連絡了。
我有事先預約，快進來吧——
什錦燒
文字燒
喀啦
時隔好幾年跟從前的前輩見面敘舊。

第8話 前輩的話

來—吃吧吃吧。
這家文字燒可好吃的呢——
敲敲敲敲
滋

真的很好吃耶—
我終於敢吃了，好幸福。
呼
呼

那真是太好了。
以前來的時候，你完全吃不下去耶—

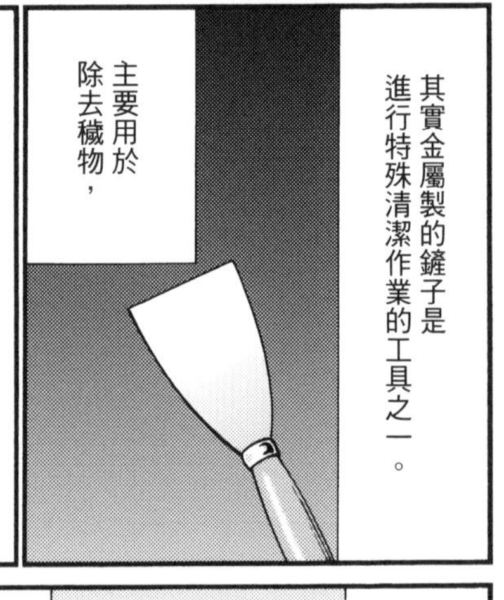
其實金屬製的鏟子是進行特殊清潔作業的工具之一。
主要用於除去穢物，

也會用來分解尚未完全被殺蟲劑殺死的大量蟲子。
敲敲敲
滋—
皮皮剉…
所以剛入行的菜鳥會變得不敢吃文字燒。

但隨著經驗的累積，就會漸漸感到麻痺。
好比護理師有辦法一邊吃著咖哩飯，一邊聊排泄物那樣。
O號房的X患者拉水便
第3次了耶還真失控

這就代表你已經是獨當一面的專業人士啦。
在你剛入行時，超多委託的，新人要獨自處理這些的確會很慌。
是啊—不過多虧前輩帶領，我才能立刻適應。

可是，不管經過多久，
我都不曾忘記長井先生你所說的那段話。

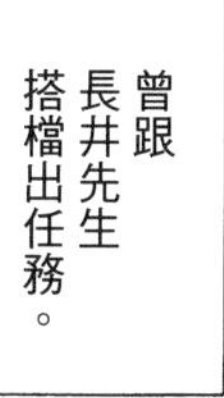
在我剛開始從事這份工作時，

曾跟長井先生搭檔出任務。

抱歉啦—突然要趕往現場。
不會…
噗——

等一下要去的地方，住戶死後立刻就被發現，所以不必擔心蟲或腐爛的問題。
只不過—清理起來可能很麻煩。

呃…？是有什麼樣的狀況嗎？
嗯…聽說住戶是一位年輕女孩…
好像發生了不少事…

曾數度服用安眠藥割腕，
被救護車載走。
喀擦 喀擦

但是，這一次…

這下…糟糕了……
怎麼辦……？
滴滴
答答

※踉蹌

慘了……
止不住血……
滴落
滴落
喘ー
喘ー

ドサ
……手機……咦？……？

奇怪……我拿手機打算幹嘛？
……誰來……

吱呀

割腕割得太深……
失血而死。
吱呀

就是……所謂的，
「假自殺真死亡」。
呀……

整間套房
血跡斑斑，
無聲地訴說著當時的慘狀。

這……
確定不是
命案現場……？
這是死者
不斷掙扎
所留下的
血漬。
直到
斷氣之前，
應該都
無比痛苦。

為什麼她
不打電話
求救啊？
不是不打，
是打不了。
恐慌再加上
服藥意識矇矓，
根本沒辦法
撥打電話。

來吧，
把房子
整理乾淨。
拿
起

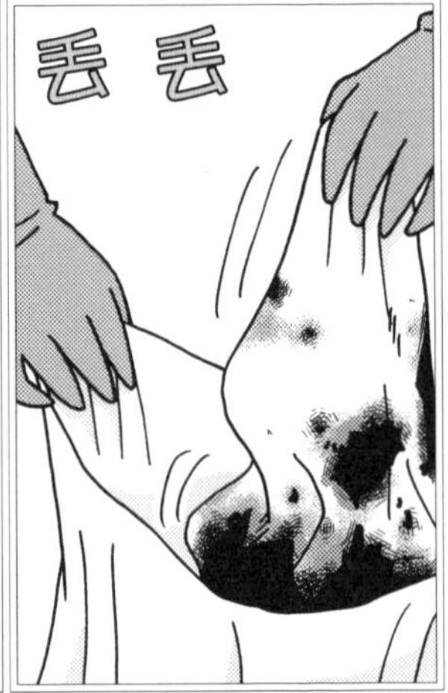
丟丟

把這些全裝進袋子裡。
好…好的。
壁紙要全部換新，處理完後再擦地板。

噴噴

擦拭
擦拭

是不是擦個1～2次就擦掉了？
啊…對啊。

血液凝固之後就很難清掉，也得花很多時間除臭。
這裡雖然搞得血淋淋，但事發到現在未滿2天，
只要拿出幹勁，半天就能搞定。

努力！再加把勁！
狂擦
猛擦
狂擦
猛擦
加油！消毒！擦乾淨！消毒！
做最後衝刺!!

好，
地板處理完了。
累壞了⋯⋯
快把作業服換下來！
要去下一個現場嘍——

下一個地方只需要估價，
確認一下情況就好，不必打掃。
噗
聽說是60幾歲的女住戶，死後4個月才被發現。
總之⋯山田你還是跟我來一趟吧。
嘰
死後經過4個月⋯那究竟
是什麼情況啊⋯？也太可怕了⋯
七上
八下

然而這間套房卻跟剛才怵目驚心的現場完全相反，
就好像還有人住那樣，維持得相當整潔。
⋯咦？真的有住戶在這裡身亡⋯？
啊——是在這——

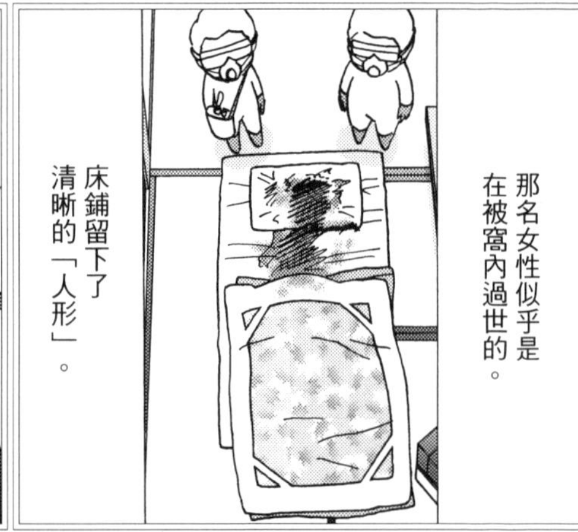
那名女性似乎是在被窩內過世的。
床鋪留下了清晰的「人形」。

髒汙範圍並不大，
但體液已滲透到地板最底層，
這個部分必須全部換掉。

啊？我以為只要換新的榻榻米就好耶……
畢竟地板吸附了4個月的體液氣味，除臭效果有限。

若氣味沒完全消除，恐怕也會影響到下一位租客……
……說得也是啦……

山田，今天辛苦你啦—
盡量喝吧!!
砬

嗯？累到說不出話來嗎？
……
まぐろ
500
イカ
總覺得……好可憐……
自己一個人那樣死去……

不必為這種事多愁善感啦——
哈哈哈
啊？

燒
450
ライ
350
藏
日
因為啊，所有孤獨死的人，
壓根沒想到自己會以那種方式過世啊。
……啊？
剛才那間套房你有注意到嗎？
碗盤已先稍微沖洗過，
廚餘也分解成小塊，放在旁邊的三角瀝水架裡。
所以她是打算稍後再好好整理乾淨的。
BEE

想必她好幾年來都一個人
過著這樣的生活。
可是卻在某一天，
突然感到身體不適，
想說應該躺一下就會沒事，
才鑽進被窩裡休息。

卻沒想到這次
再也醒不過來
回歸日常，
只不過是
這樣而已。

即便是覺得
明天醒不過來
也無所謂的人，
其實心裡
還是認為
自己能活著
迎接明天。

有些人
離世時的情況
的確會讓人
覺得慘不忍睹，
但實際上
這些人並非
如我們所想般，
生活過得
很悲慘。
這麼一想，
是不是
就會覺得，
這些往生者，
其實
「走完了屬於
自己的人生」。

我一直認為這是一份吃力不討好的工作……
但長井先生的那一番話，令我有勇氣再堅持下去。

我能走到今天，都是託長井先生你的福。
真的不知道該如何感謝你才好……
是喔ー很高興聽到你這麼說。

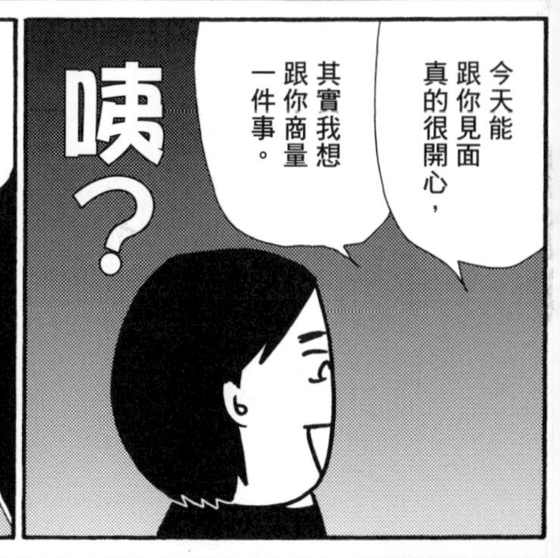
今天能跟你見面真的很開心，
其實我想跟你商量一件事。
咦？

那…從這裡開始……
我想跟你聊聊「生意上的事」——

我回來了…

你好晚喔ー
長井先生最近好嗎？

嗯…是啊…
怎麼了嗎？
消沉

我不是有一個「山田祕密武器」嗎？
對啊，由你研發的除臭劑。

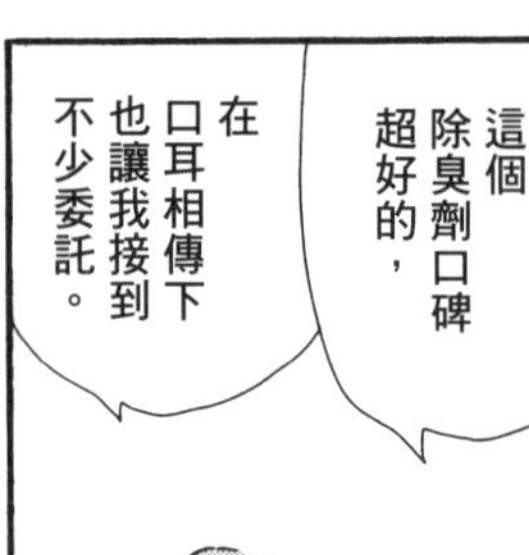
這個除臭劑口碑超好的，
在口耳相傳下也讓我接到不少委託。

然後這件事似乎也傳進長井先生耳裡，
他一整個讚不絕口……

那個祕密武器是怎麼做出來的啊？
我願意付錢，你可以告訴我配方嗎？
啊…？
這個嘛……有點…
長井先生似乎鐵了心要如法炮製，完全死纏爛打…
所以才突然說要跟我見面…
驚—
那你怎麼回答他!?

哎呀！這可是商業機密耶，怎麼能透露呢—
啊—也是啦！
—我只能這樣敷衍過去。
雖說是恩人，如今卻是從事相同職業的競爭對手…
暫時都不想再跟他見面了…
呼—。
你就是人太好，要當心啊。
私底下還得這樣過招，互探虛實，不然怕會存活不下去…

第9話 第一時間發現的個案

啊？不好意思，請您再重說一次。
…好的，要預約●號對吧？
咦？
一位名叫D先生的男性打來委託我清理一間套房。
通話中
委託內容十分常見，
——在
但他整個人異常地有氣無力，說得很快卻又含糊不清。
…從……
在…
△市的……
啊？
什麼？
我重複問了好幾次，才終於留下聯絡資訊。
他是身體不舒服嗎…？
有點令人擔心耶——

幾天後，我依照D先生的吩咐，
前往他的公寓。
哦…就是這間吧…
停車場在哪呢…？
……
嗯？

一輛警車停在這棟公寓前，
入口處還圍著「禁止進入」的封條。

為什麼有警車啊？
請問——
你不能再過去了！
不行不行！
不是啦…有住戶拜託我今天來這裡打掃…
所以我得進去…
哪一家住戶？
打掃？

102號，一位名叫D先生的男性住戶。
啊？

警方就是接到102號住戶昏迷的通報才來的。
聽說已經過世了。

啥
現在正進行調查，你先等一下。

沒想到委託人竟然身亡了，遺體正被警方帶走。
天啊——!!
委託人↓
這 這是怎麼回事!?

你是○○清潔公司的山田先生？
對…我是…

我們查閱D先生的手機，
發現留有跟你通話的紀錄，
想必是拜託你來清理住處吧？
那接下來就交給你了…

ブロロロ…

※揚長而去…

委託人D先生，
似乎是自殺。

應該是事先
決定好自盡之日，
房間整理得很乾淨，
只有零星幾件家具。

**鋪了好幾層
野餐墊後，**

自縊身亡。

警方所接獲的通報應該也是由他
自行發出的，並且事先委託我

還有另一件令我留下深刻印象的委託。
好的…沒問題。
委託人是…您是住戶的兒子嗎？
要回收您父母親的遺物是吧？
抵達對方指定的地址後，
便看到一棟佔地廣闊的透天厝。
哇—是豪宅耶—
只有夫妻兩個人住應該太大…
這間房子住著一對70多歲的夫婦，
家裡打理得乾乾淨淨，環境十分整潔。
………
太太罹患精神疾病多年——

覺得於心不忍的丈夫，
遂偕同妻子
共赴黃泉。

那邊的櫃子還有畫作、
這邊的家具都搬走，
然後廚房的東西全都丟掉。
這起事故由住在附近的40多歲兒子發現後報警。
由於死後半天便被發現，因此並未造成汙染。

這…不是名牌精品嗎…
全都還沒拆封耶…
TAFFANY&Co.
委託人希望把家中所有東西都作廢，
可是…這全都沒使用過耶…
也可以賣給專門收購的業者。
儘管我跟他再三確認，

全都丟掉
就對了。
屬於死人
的東西
讓人覺得
不舒服。
但一律都被回絕。

從事特殊清潔工作後
會注意到一件事。
那就是到場進行
確認之親屬的反應。

或許是孤獨死之人
原本與家人的關係就很疏遠，
親屬通常都不怎麼傷心。
啊——
人真的走了耶——
一種是
淡然處之型。

另一種則是
「覺得被迫處理爛攤子」的不爽型。
事到如今
幹嘛還聯絡我？
我們明明
已經沒關係了！
大致可分成
這兩種類型。

重重
砸落

死者的兒子則是
屬於後者的不爽型。
用力
甩落
厭惡父母親的
態度相當明顯。

他們終於死了，
但我卻沒什麼真實感——
咦？
綁
我媽從以前就有心理問題，
從我小時候開始，只要讓她覺得不滿意，
就會開口閉口叫我「去死」。
她在學校、還有對同學的父母也是這樣歇斯底里，
以現在的話來說，就是怪獸家長吧？
我真的覺得很丟臉，抬不起頭…
我爸則像空氣，毫無存在感。
所以我早早離家出社會工作，
但我媽又來惹麻煩，逼得我離職。
交了女朋友也會被她從中搞破壞，
只能立刻分手。
她根本就是一個瘋子——
有這種父母我怎麼可能結得了婚？
只能一輩子打光棍啦—
死者的兒子並非刻意說給誰聽，
而是自言自語般地說了起來。

在她過世的前一天，
我們照慣例又吵了起來…

我已經聽膩了妳口口聲聲說要去死!!
如果這麼不想活的話，那就趕緊死一死啊!!
算我拜託妳!!

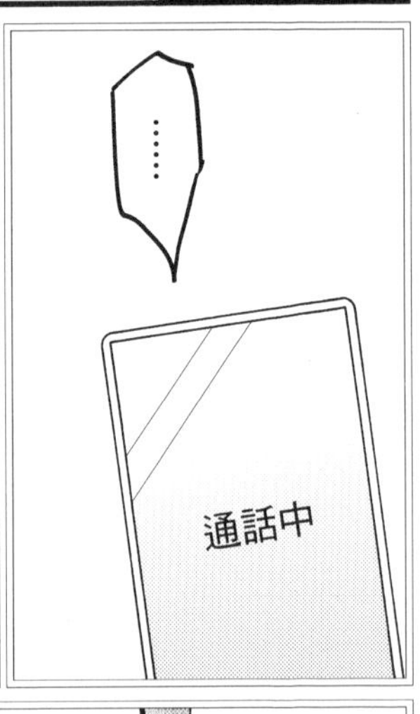
……
通話中

對不起……
通話中

以往她總是又哭又叫，根本沒辦法溝通，
這是她首次跟我道歉。

我不禁有一股不祥的預感。
隔天我時隔許久回家一趟，
才發現兩人已上吊身亡了。

與其說是震驚或悲痛，
比較像是「終於結束了」的心境。

……
這樣啊……
我萬萬說不出「真慶幸你父母親死了」這種話，
只能略作回應示意。
清理完了。
請在這裡簽名。
謝謝您的惠顧。
啪噹
聽聞這棟房子將會被拆除，夷為平地。
死者兒子一動也不動地眺望著老家。

雙親同時在自己
出生長大的住家身亡，
他究竟是懷著怎樣的心情，
凝視這棟房子呢？
但願他能走出飽受
母親干預的前半生陰霾，
重新出發，

再次找回
真正屬於
自己的人生。

畢竟，
人只要還活著，
就能不斷重新來過——

我叫山田正人，從事特殊清潔工作。
託大家的福，進入盛夏依然案源滾滾來。
ミーン
ミーン
在這個時期，我會將保冷箱放在要清理的住處門前，
再進行作業。
砰咚
嘿喲
先出個問題考考大家。
室內的溫度究竟是幾度？
戴上
正確答案，
蒸騰
熱…
好熱…
好熱…
熱…
超過50度。

第10話 盛夏的現場

在特殊清潔作業過程中，
原則上不能進行通風換氣。
是不是…有異味？
是啊—
以免味道擴散至近鄰。

此外，開冷氣會導致氣味經由室外機外洩，所以也不能用。
轟—
臭
必須在完全密閉的室內進行作業。

這就好比進入沸騰的汙泥中，
氣—
喘—
吁—
吁—
濺起
踩踏
踩踏
濺起
走也走不到盡頭的感覺。

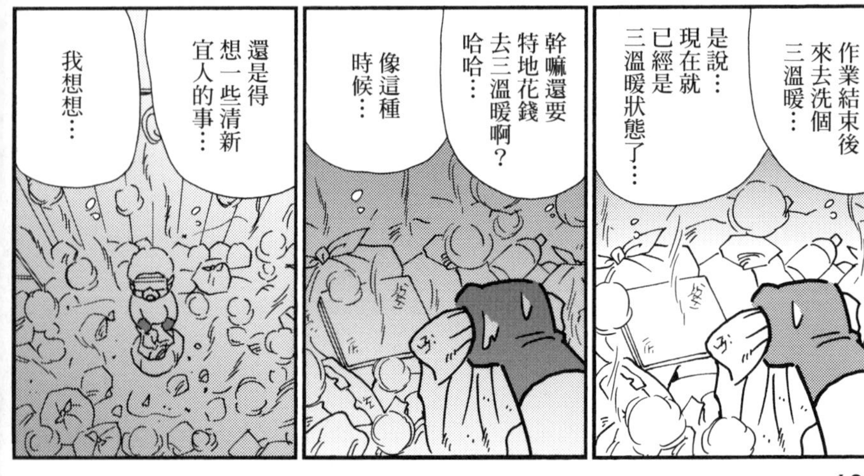
作業結束後來去洗個三溫暖…
是說…現在就已經是三溫暖狀態了……
幹嘛還要特地花錢去三溫暖啊？哈哈…
像這種時候…
還是得想一些清新宜人的事…
我想想…

這是發生在上個月工作現場的事。
一名60多歲的前男性公務員在住處身亡。
幾年前在妻子病故後，他便足不出戶，
孤獨死去2年後才被發現。
欸⋯我覺得好恐怖喔⋯
別怕別怕。
這天偏偏因人手不足，
喀鏘
導致我得跟負責事務的井本先生搭檔進行清潔工作。
嗡——
呀!!
胡亂揮舞
啊!!
只是普通蒼蠅啦。
逃走——
他真的超級膽小。

該名男性自太太過世後，似乎無心打理自己的生活，
哎呀呀……
飯廳根本完全沒在使用…
住家變成了垃圾屋。
庭院原本也很氣派，
如今卻雜草叢生……
哦？
不過他好像有種什麼東西耶。
是想打造家庭菜園嗎…？
我們先從衛浴開始打掃吧。
井本先生——請過來這裡…
呀啊啊啊！
驚
廁廁…廁所…
抖抖抖
怎麼了啊!?

哇哦!!
嗨♡
廁所居然堆出了一座米田共山。
我沒辦法！完全不行!!
沒關係，這裡交給我，
你負責整理垃圾就好。
瑟瑟
發抖
不好意思！那就麻煩你了—
溜—
我也不想幹啊〰
那坨東西的體積相當龐大，當然沖不走。
所以…
輕放
只能用鏟子挖，
再裝進垃圾袋丟掉。
展開

一鼓作氣拚了——
預備——!!
戳
嗯?
感覺怎麼有點奇怪……
挖
挖
ぼっこん
※拔起
這……
這是……

蟬鳴聲—
蟬鳴聲—
阿正，來吃冰得涼涼的西瓜—
先去洗手喔—
好—
嘩啦
嘩啦
那我開動嘍—
吐
……我想起來了，
這是夏天田地的
味道呀。

山田先生……
回神
山田先生!?
你還好嗎？
嗯，
你看一下這個。
咦？
啊……
這是……
土壤……
獲得了養分…
經年累月下來的排泄物，竟成為堆肥。
我也因為這樣短暫沉浸在與阿嬤相處的回憶裡。

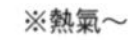
※熱氣～

もわ～
好痛！
汗水流進眼睛裡－
在這種溫度下，祭出清新宜人（？）的回憶也沒用。
好痛喔…

終於…總算
把垃圾打包完了。
放好
再來是地板…
最後…衝刺…
呼－呼－呼－
搖搖
晃晃

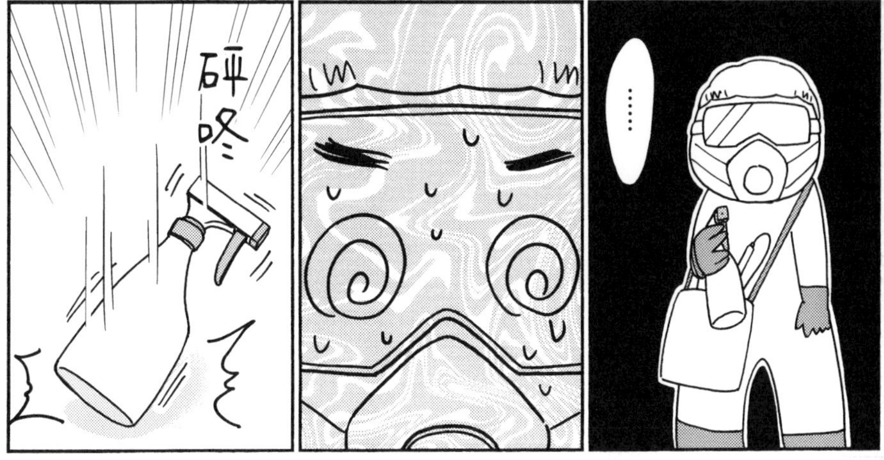
……
砰咚

為了預防中暑，夏天每作業10分鐘，

就會暫時來到外面補充水分。

啊～～

活過來了—

反覆進行這些作業後⋯
房東先生，
麻煩您確認一下。
哦哦，
超棒的！
原本那麼髒亂的空間⋯
現在進來不必再戴口罩了!!
真的是幫了我大忙啊—
不用這麼客氣啦—
這個給你吃—
終於完成任務。
既然
房子都清乾淨了，
那我也來
洗香香—♡
三溫暖
品貴位

噗通—

果然三溫暖的冷水池，
呼——
就是無敵舒服——
18℃

水果牛奶

啵

咕嘟咕嘟—

噗哇—
活過來了—

然後又進三溫暖烤箱流了一身汗才回去。

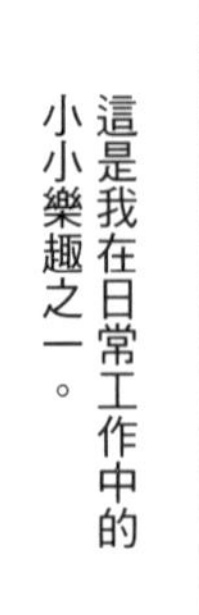
這是我在日常工作中的小小樂趣之一。

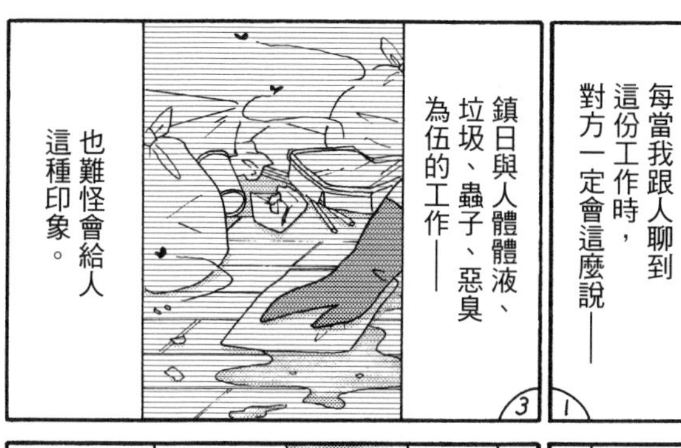

第11話 野口先生與小愛

而且我也想拿東西給小愛吃…
不好意思，讓你費心了。

小愛——
山田先生來看妳嘍—

輕放

這件事彷彿像昨天才剛發生那樣，
沒想到已經過這麼多年了……

這些年我胖了10公斤…
哎喲，我也是變老了呀—
哈哈哈哈

野口先生是我從事這份工作沒多久後，
所認識的委託人。

當時——
你確定蟲真的不會飛到我們這邊來？
是的，我已經全都清理完了。
抱歉造成您的困擾。
低頭
道歉
我家就在樓上，實在很擔心耶——
實在有夠觸霉頭的！
居然在這裡死掉，簡直是給大家找麻煩！
還有隔壁那戶要我轉告你！
他們回老家避難去，暫時不在這裡……
要你「把門封起來，以免蟲飛進去」！
好的，我會處理…
嘶——
嘶
他們對我的工作抱持著懷疑、厭惡、抗拒的感受，
簡直把我當成死神看待。
交頭
接耳

……我只是來工作……
卻被當作掃把星，完全不受歡迎——呵呵…
雖說這是我自己選擇的工作，
當下卻感到沮喪萬分。
啪噹
嘟嘟——
您好。
〇〇清潔公司
請問是…〇〇清潔公司嗎？
我想拜託你打掃一間公寓……
這時，我接到野口先生提出的委託。
好的…我明天可以過去。
請問房子是什麼狀況呢？
我也才剛接到警方通知，不太清楚詳細情形——
我女兒在住處身亡，
據說死後已經過了很長一段時間，所以想請你把房子清理乾淨。
野口先生在離婚後與女兒小愛變得很疏遠。
小愛當時18歲，
身為監護人的母親卻不知去向。

死因為急性心衰竭，
因死後很久才被發現，遺體已腐壞，
根據警方調查的結果，
基本上排除了他殺的可能。
還這麼年輕……
突然往生
好可憐……
哎呀……
我得當心別
再把「阿飄」
帶回家。
靈異體質
話說回來，
物品跟家具
都好少喔…
嗯？這盒子
裡好像
有東西…
挪動…
觸摸到盒子的瞬間，
嗆咳
我就像沉入水中那般，
感覺深不見底又冰冷。
那是…
什麼…
飄〜
怎麼
這麼小…
是小孩
……？

請問！
驚
我想作業
應該快結束了，
所以過來看看。
啊，是，
已經在
收尾了⋯
房子裡幾乎
沒有什麼可
稱之為遺物
的東西⋯⋯
不過這個
盒子被妥善
保管起來。
⋯⋯
那就請您
在這裡
簽名⋯⋯
那個⋯⋯
怎麼了？
我知道提出
這種要求
很奇怪⋯⋯
但可以請你
陪我一起
確認
內容物嗎？
我是
無所謂⋯
可是⋯⋯
真的
沒關係嗎？
點頭
其實
我女兒
——
跟我
沒有
血緣關係。

她是我前妻的孩子……
6歲時才搬來跟我一起住。
我很疼她，
可是她一直不願對我敞開心房，後來我們就分開了……
也就是說，我並沒有得到她的信任，
所以實在沒有勇氣獨自開箱。
有一大疊的明信片……
咦…？仔細看了一下……
全都是寫給同一個人。
野口 清様
暑中お見舞申し上げます
給「野口清」……
這是我的名字……
可是…怎麼會…？
這個是…記事本？
若您不介意的話…由我代讀吧？
……麻煩你了。

翻動
翻動
日記…嗎…？「給叔叔」……？
給叔叔
啊…那是在說我…
我女兒都是這樣叫我的。
給叔叔，
對不起，我總是對你愛理不理的。
對不起，我常生氣，態度冷漠。
其實我一直一直，
都很想叫你「爸爸」。
可是一想到萬一我這樣稱呼你，你卻沒反應，
就覺得很害怕，一直不敢叫出口。
我感到非常後悔。
對不起，沒能對你說出這一切。
爸爸

記事本內滿載著
小愛無法訴說的哀傷，
謝謝你
好愛你
爸爸
爸爸
以及對
父親的愛。
……
抽抽
噎噎
……謝謝你……
咦？
我不敢看……
因為我沒能為她做過任何事……

如果就這樣領回去，我想自己也沒勇氣打開。
但是……幸好有你在，

我終於能得知女兒對我的看法……
實在……實在太感謝你了……

——在那之後，我偶爾會打開盒子，
跟女兒說說話。
很奇怪對吧？畢竟我跟女兒一起生活的時間，
只有短短的5年。
可是…在她過世之後，
我反而覺得就好像她回到家跟我同住那樣。
真的很不可思議。
那天……
能遇到你真的很幸運。
從事特殊清潔工作，無論累積多少經驗，
無論賺了多少錢
——
我總認為根本無法獲得回報。

但是，如果能像這樣
獲得他人感謝，
謝謝你的幫忙，讓我跟女兒
有段能好好相處的時間。
如果能讓委託人的心稍微變得輕鬆一點，
只要體力許可，我願意繼續出一份力。

我認為，
這份工作是我的天職。
明天起還有接連不斷的委託案—
必須得更加把勁才行。

為了幫助像野口先生那樣的人…
小愛，山田先生過來看妳，很開心吧？
那我們就開動嘍——

畢竟我得
好好活下去，
直到生命的
盡頭——

我們是
特殊清潔師

我們是特殊清潔師

番外篇
山田家的兒子
哦！紅蘿蔔全吃光了耶。
好棒
好棒
津津
有味
我兒子即將滿1歲，非常活潑好動。

1年前
我下禮拜過去，妳身體如何？
妻子回到娘家小住，為生產做準備。
在待產的同時，還與家人一同照顧患有失智症的祖母。

妳是誰？
我是妳的孫女可南子－
由於我平日要工作，只有休假時才會去妻子娘家探望。
我帶妳去廁所－
怎會－？
沒想到那天離預產期明明還有10天的時間，
溼－
結果羊水卻破了。

妻子的祖母見狀表示──
這下糟了！
得驅邪清乾淨！

不由分說地往妻子身上灑了一堆鹽。
啪沙！
呀──妳幹嘛啦!?
妻子在渾身沾滿鹽巴的狀態下前往醫院，

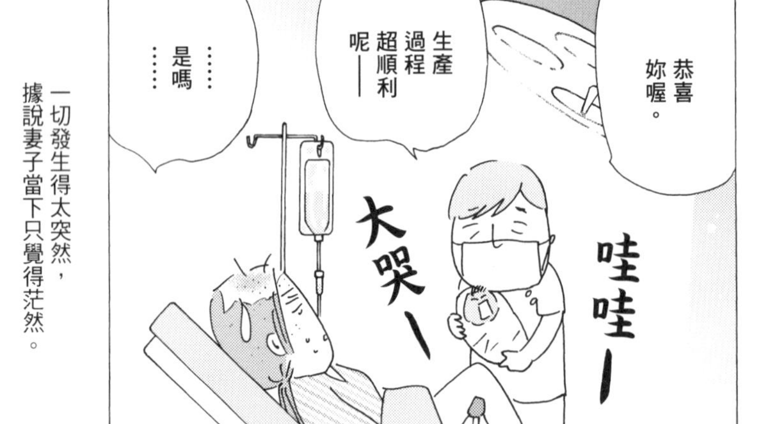
接著直接進產房，火速生完孩子。
恭喜妳喔。
哇哇！
大哭！
生產過程超順利呢──
……是嗎……
一切發生得太突然，據說妻子當下只覺得茫然。

在我接到通知抵達醫院時，
對不起，我來晚了…
哎喲喂！
得驅邪清乾淨！
狂倒！
祖母又不由分說地往我身上灑了一堆鹽。

所以我們就為兒子，
取名為清塩。
欸，老公，來一下…
怎麼了嗎？
清塩他對著空氣
在講話耶。
你－滋－
你－滋－
咦!?
兒子不論好或壞的各方面都像我，
那邊可能有什麼喔…
他究竟看見了什麼呀…
掰掰
但我可不希望他連靈異體質都遺傳到我啊。

〔我們是特殊清潔師①／完〕

首度刊登於
《實際發生的笑料Pinky》
2019年1～11月號
※本書係根據上述作品全新繪製編輯而成。

我們是特殊清潔師 1

2025年2月1日初版第一刷發行

作　　者　沖田×華
譯　　者　陳姵君
編　　輯　魏紫庭
美術編輯　許麗文
發 行 人　若森稔雄
發 行 所　台灣東販股份有限公司
＜地址＞台北市南京東路4段130號2F-1
＜電話＞(02) 2577-8878
＜傳真＞(02) 2577-8896
＜網址＞https://www.tohan.com.tw
郵撥帳號　1405049-4
法律顧問　蕭雄淋律師
總 經 銷　聯合發行股份有限公司
＜電話＞(02) 2917-8022